育てて、しらべる
日本の生きものずかん 7

監修　中 秀司　鳥取大学助教
撮影　安東 浩
絵　Cheung*ME

イモムシ

集英社

もくじ

イモムシってふしぎがいっぱい…4

イモムシはいつも
なにをしてるの？…8

イモムシの一生は
へんしんつづき…14

小さなイモムシがアゲハになった！…20

イモムシのくらし…22

イモムシの
なかまたち…26

イモムシを育てよう…32
さなぎにするコツ…34
イモムシおもしろちしき…36

出てくるイモムシ
オオムラサキ…26
モンシロチョウ…28
ツマグロヒョウモン…28
カラスアゲハ…29
クロアゲハ…29
キアゲハ…30
ルリタテハ…30
ジャコウアゲハ…31

イモムシってふしぎがいっぱい

小さいから、よーく目をひらいて見つけてね！

サンショウについている小さなイモムシはきれいなアゲハの幼虫なんだ。はっぱをたくさん食べて、みどり色のりっぱなイモムシになるよ。

小さい小さいぼくのこともっと知ってほしいんだ。

にわのサンショウやミカンの木には小さなイモムシが かくれています。鳥のうんちみたいだったり、はっぱと同じ色だったり、かくれんぼが とてもじょうずです。イモムシは、はっぱのごちそうを たくさん食べて、どんどん大きくなります。そしてある日アゲハになって大空へとんでいくのです。そのひみつを見てみましょう。

こんなに大きくなったよ。色も形も、ずいぶんかわったね。えだにしっかりつかまってるよ。

体のつくりを見てみよう

イモムシの体は、たくさんのふしにわかれているね。

目
小さい目が6つ あつまっているよ。明るさを かんじることができるんだ。

むね
3つの ふしがあるんだ。目のような もようのぶぶんは、いちばん太くなっているよ。

おなか
10この ふしがあるよ。ふしには、気門という あながあって、ここで いき をしているんだ。

イモムシはいつもなにをしてるの?

> ぼくのこと見つけてね。

大こうぶつの木のはっぱを行ったりきたり。

イモムシは食いしんぼう。大こうぶつの、サンショウの木の はっぱを食べていたら、えだ だけになっちゃたよ！

きけんを かんじると、頭から黄色い つのを、にゅっと出すよ。とっても くさいんだ。

小さい
ぼくだけど
おこると
こわいんだぞ。

1ばん

とうちゃくー！

いち に、いち に

さあ、しゅっぱつ〜

がんばれ！イモムシくん

イモムシには、たくさんの足があります。さきがとがった足や、まるい足を、じょうずにつかって、細いえだや はっぱの上をあるきます。かべをのぼったり、さかさまになっても だいじょうぶ。なぜなら、口から、細くて とうめいな糸を出して、その糸を足にからませながら あるいているからです。

もぐもぐ食べるよ！

イモムシは、一日じゅう はっぱを食べているよ。たくさん食べたら、たくさん うんちもするよ。

もぐもぐ

1 おいしそうな はっぱだ！さあ食べるぞ。

2 あっというまに 3まいも 食べちゃった。

なくなっちゃった！

むしゃむしゃ

はっぱを食べやすい口の形

イモムシは、はっぱを りょう足ではさんで食べるから、口は左右にひらくよ。上下にひらく みんなとは、口のあけ方が ちがうんだね。

ぱくっ

あ〜ん

おいしいよ♡

ばりばり

なんにも なくなった！

5 はっぱがなくなったら
くきまで むしゃむしゃ。
くきも ぜんぶ食べたよ。

こんなに たべたの？

もしゃもしゃ

食べたら うんちをするよ

おしりのあな は、ふだんは とじているよ。

うんちが おし出される と、すぐとじ ちゃう。

のこり ちょっと！

ばくばく

3 はんたいがわも もぐもぐ。
しっかりつかまって！

4 もうすぐ はっぱが なくなっちゃう。
どうしよう。

小さい体から、こんなに大きな うんちが出てきたよ。

イモムシの一生はへんしんつづき

小さいイモムシは脱皮をくりかえしてりっぱなアゲハになるよ。

1 イモムシが大すきなサンショウのはっぱに、お母さんのアゲハが　たまごをうむ。

2 黄色くて　まるいたまごだよ。よーく目をひらいて見つけてね。

3 4〜7日たつと、イモムシが生まれたよ。まだ2〜3mmくらいで、とっても小さいんだ。

ちっちゃいね

4 さらに4日くらいたつと、さいしょの脱皮をして、ひとまわり大きくなったよ。

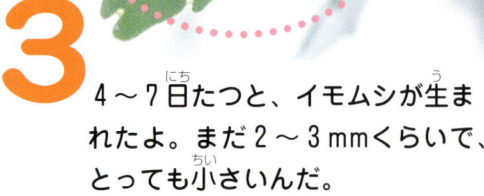

5
体のもようが はっきりしてきたね。おいしいはっぱをさがして、あちこち うごきまわるよ。

6
もうすぐ みどり色にかわるころだよ。すこし ぶよぶよしているね。たまごから生まれて、20日めくらいだよ。

7
みどり色の りっぱなイモムシ。はっぱを食べて、ぐんぐん大きくなるよ。

あれ？ うごかなく なっちゃった……

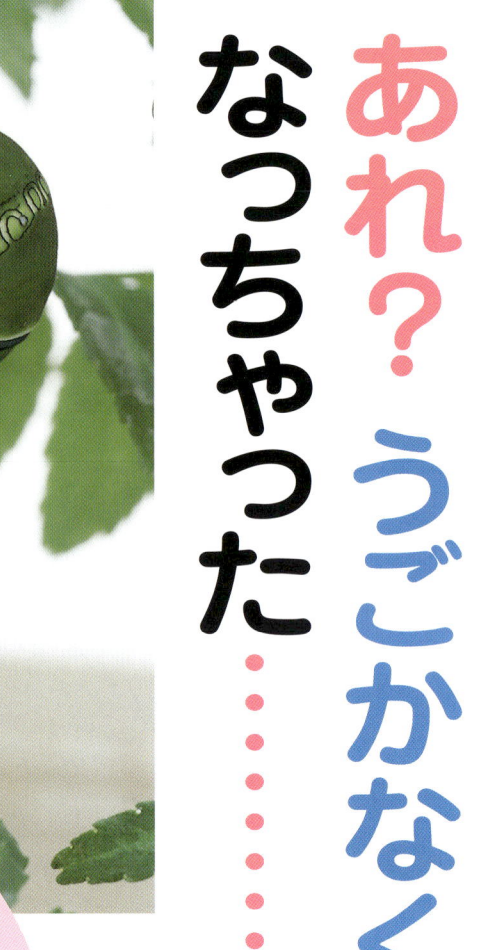

げんきに うごきまわって、はっぱを食べていたのに、ずっとじっとしてるよ。なぜかな。

うんちをすると、体がちぢんで小さくなっちゃうよ。

みどり色のイモムシになって1週間ほどたつと、きゅうに うごかなくなります。そして、ねばねばしたうんちを、いちどに たくさん出します。

びょうきじゃないから、おどろかないでね。

いつもの ころころうんちじゃなくて、ねばねばしているうんち。

おしりの足を木につけて、糸のわによりかかるんだ。

口から出した糸で、わをつくって、体を木にくくりつけるんだ。

さなぎになった！

うごかなくなって2日めに、こんな形になったよ。

小さなイモムシが アゲハになった！

アゲハになったら
広い空に はなしてあげよう。
きっと、みんなに
会いにきてくれるよ。
ばいばーい、またね。

イモムシのくらし

あつい日や さむい日でも、がんばっているんだよ。

雨がふったあとは 水をのむよ

雨がふったあとに、はっぱに水てきがついていると、イモムシは ごくごくと水をのむよ。とくに あつい日にはよくのむんだ。

あついときは 体をそらせるよ

夏のあつい日には、体の温度が上がりすぎるから、体を上にそらして日の光があたらないようにするよ。

自然は、すごくあつかったり、さむかったり、きびしいところです。イモムシは小さい体で、せいいっぱい立ちむかっています。

あち〜

風が強くても ふきとばされ ないぞ

台風がやってきたって、イモムシは えだから おちたりしないよ。16本の足で、ひっし に えだに つかまっているんだ。

おなかの足は、ざらざらし ているよ。口から細い糸を はいて、その糸に足をから ませて、えだにぴったり はりついているんだ。

さむいのは ちょっと にがて

気温が下がると、イモムシはあま り うごけなくなっちゃうよ。秋 のおわりごろのイモムシは、さな ぎのまま冬をすごすんだ。

てきから身をまもるくふう

赤ちゃんのときも、大きくなってからも イモムシのまわりには てきがいっぱい！

小さいから、いじめられちゃう

赤ちゃんのときは、アリにかじられたり、クモにかみつかれたりするんだ。はやく大きくなりたいよ。

にんぽう！このはがくれ

はっぱと同じ色だね どこにいるか、わかるかな？

イモムシの体は、食べている はっぱの色とにた色になっている。ほご色というんだ。

ヘビのかおに にているね

むねのもようをふくらませ ヘビのまねをして、鳥をおいはらうこともあるよ。

鳥のうんち みたいだね

天てきの鳥のうんちに 体をにせて、鳥をだますんだ。

大きくなっても ゆだんできないぞ

まるまるとして おいしそうだから、鳥にねらわれちゃうんだ。

りっぱになって しかえしするぞ

体が大きくなったら、アリやクモなんて はねとばしちゃうぞ！

さなぎになるときも まわりと同じ色になる

さなぎは うごけないから、てきに 見つからないように、ほご色になるんだ。

くさいにおいの つのを出すよ

鳥がきらいな においがする つのを出して、おどかすんだ。

はっぱのそばでは みどり色。石のかべや くらいところでは、茶色になるよ。

音には びんかん なんだ

ハチも天てきのひとつ。ぶ〜んと とんできたら、体をふるわせておいはらうよ。

イモムシのなかまたち

日本には、やく250しゅるいのチョウがいるよ。
いろいろなイモムシのなかまを しょうかいするね。

2本の つのがあって、強そうだよ。目のまわりが白くて、コアラみたいな かわいい かおだね。

大すきな食べものは、エノキの木のはっぱだよ。いっぱい食べたから、ぶらさがって、ちょっと お休み。

オオムラサキ

日本を だいひょうする 大きくてりっぱなチョウ

はっぱのうらに、ぶらさがっているさなぎ。同じ色だから、じょうずにかくれているね。

せなかに、4対のとげがある。幼虫からさなぎになるまでに、エノキのはっぱを、やく150まいも食べるんだ。

イモムシからチョウになるのは1年に1かいだけ。はばたくはねの音がきこえるくらい大きいチョウなんだ。

生息地域／北海道西部から九州

■生息地域は、おおよその地域です。

モンシロチョウ

春になると、キャベツばたけに たくさんいるよ

黄色や 白い花に あつまるよ。
むかし、外国からやってきたんだ。
生息地域／日本全国

キャベツやダイコンのはっぱが
大すき。細長い体だね。

ツマグロヒョウモン

黒い体に赤のせんがはでだね

ヒョウのもようと そっくり
の はねだね。これはメス。
生息地域／千葉県以西の本州

黒いとげとげが たくさん生えているね。
スミレやパンジーのはっぱに いるよ。

アゲハの幼虫に にているけど、細かいもようがあるよ。ミカンのはっぱにいるよ。

カラスアゲハ

せなかの もようが おしゃれだね

はやくとぶから、なかなか見つけにくいアゲハなんだ。
生息地域／日本全国

さなぎになるところ。これが黒いチョウになるんだね。

クロアゲハ

アゲハの幼虫と にているけど黒いチョウになるよ

黒いはねで、ちょっと高いところを ゆっくりとんでいるよ。つかまえてみたいね。
生息地域／東北地方以南〜南西諸島

せなかはみどり色で、おなかはすこし茶色っぽいのがとくちょうだよ。

29

大きくて、ぷくぷくしているね。
うんちは こいみどり色だよ。

アゲハに、よくにているね。

生息地域／屋久島以北

はでな色なのに、大すきなパセリの中にいると、めだたないよ。

キアゲハ
あざやかな色で
とっても大きな幼虫

ルリタテハ
サボテンみたいな
とげが いっぱい！

はねが ぎざぎざだよ。
青のラインと白の点が
かっこいいね。

生息地域／日本全国

体じゅうに、とげとげが びっしり生えているよ。これでは、鳥もびっくりするだろうね。

©大宝 眞

ジャコウアゲハ

なかまだけど ちょっとコワイ！

幼虫は体の中に どくがあるよ

はねのもようが すけていて、きれいだね。

生息地域／本州〜南西諸島

ウマノスズクサが こうぶつだよ。赤い点が、きれいだね。

でこぼこが たくさんある さなぎ。アゲハのさなぎとは、色も形も ちがうね。

赤くてまるい たまごをうみつける メス。おしりを はっぱにくっつけ ているね。

イモムシを育てよう

たまごからアゲハになるまでは、1か月半くらいだよ。

4月中ごろから夏のあいだ、イモムシのこうぶつのはっぱを、にわやベランダにおいておこう。アゲハたちが、たまごをうみにきます。

サンショウの木にはアゲハのたまご

サンショウやミカンの木は、イモムシの大こうぶつ。いちどに10こくらい うむよ。

パセリにはキアゲハのたまご

パセリにはキアゲハがたまごをうみにくるよ。スーパーでうっているパセリではなく、花やさんでうっている はちに うえてあるものにしよう。のうやくが かかっていないものをえらぼう。

1つの はちに 2ひきくらい

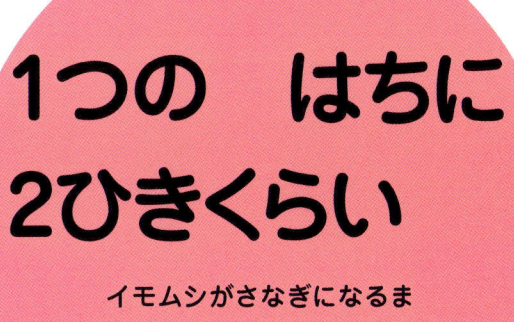

イモムシがさなぎになるまでには、たくさんのはっぱを食べるんだ。1つのはちに 2ひきくらいにしよう。

サンショウのはっぱを食べつくしたら

ミカンやレモンのえだを もらってこよう。はっぱが かれないように、水が入ったビンにえだを入れよう。イモムシが水におちないように、ビンの口をふさいでね。

さなぎにするコツ

体がまるまる太って、じっとしていることが多くなったら、そろそろ さなぎになります。おちつく場所をさがして、とおくまで あるいていく くせがあるので、イモムシをふたがある虫かごへ、うつしておきましょう。

イモムシは さなぎになるとき、とおくに行こうとする くせがあるよ。

うつすのは いつ？

もりもり はっぱを食べていたのに、きゅうに食べなくなって、うごかなくなったときだよ。体の長さが5cmくらいになって、ぷくぷくしてきたら、かごにうつそう。

さなぎになったら

羽化するときに はねがひろげやすいように、さなぎのばしょをうつしてあげよう。そのあとは、さわらずに そっとしておいてね。

よういするもの

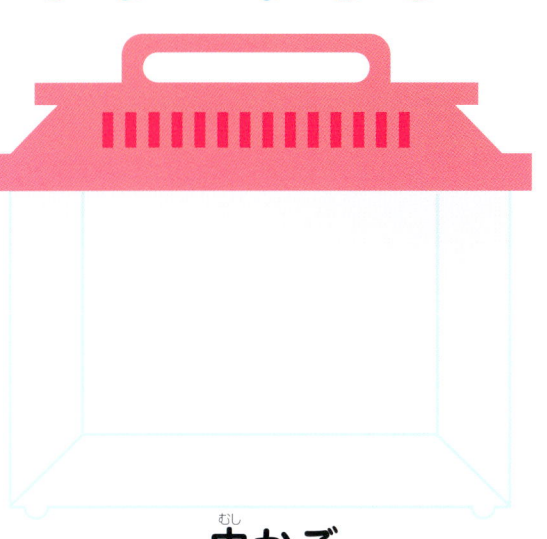

虫かご
小さくてもいいから、ふたがあるものをえらぼう。

脱走にちゅうい！
ねばねばした うんちをすると、すぐに イモムシは さなぎになるところを さがしはじめるよ。にがさないように気をつけよう。

わりばし
さなぎをつくる台になるよ。ななめ45度くらいに かたむけよう。

えさのはっぱ
さいごのうんちをするまでのえさ。はっぱを2まいくらい入れてね。

イモムシおもしろちしき

小さいイモムシの体には、たくさんのひみつがあるよ。
そのなかから、いくつか しょうかいするよ！

どくがあるイモムシが いるの？

ガのなかまのチャドクガの幼虫には、どくのある毛がいっぱい。さされたら、手がかぶれるから、ぜったい さわっちゃだめだよ。

©梅谷献二／社団法人 農林水産技術情報協会

さなぎはどうして木からおちないの？

さなぎになるときに、糸を出して台をつくり、おしりの足のとげで がっしりとくっついている。このしくみは、スペースシャトルのうちゅうふくにつかわれているよ！

ベリッ

36

どうしてさなぎからアゲハが出てくるの？

イモムシの体の中で、アゲハのはねや触角になるものが育っている。さなぎになって、アゲハになるためのじゅんびをしているんだ。

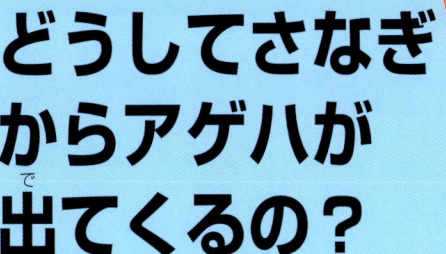

羽化2～3日前のさなぎ。はねや触角になるぶぶんが見えるのが、わかるかな。

もうすぐアゲハが出てくるさなぎ。はねの黒い色や、目がはっきりと見えてきたね。

アゲハをはなすときはちゅういしてね

チョウになったら、イモムシをつかまえたところで、空にかえそう。べつのちいきで　はなしてはいけないよ。

イモムシのちの色は何色なんだろう？

イモムシにも　しんぞうがあって、ちがながれているよ。ちの色は赤ではなくて、えさのはっぱの色と同じ、うすいみどり色なんだ。

イモムシ おもしろちしき

チョウのひみつも おしえるよ。

チョウはどのくらいむかしからいたの？

いまから1おく3600万年も前の、チョウのなかまの化石が見つかっているよ。きょうりゅうがいた時代だよ。いまとかわらない形だって。

イモムシとチョウの体はちがうの？

イモムシとチョウの体は、とってもちがうように見えるね。でも頭、むね、はらという体のつくりはいっしょで、イモムシにはねが生えたのがチョウなんだ。

チョウはどうやってイモムシが育つはっぱを見わけるの？

チョウは、前足でしょくぶつのあじがわかるんだ。イモムシのえさになるはっぱを、前足でとんとんたたいて、あじを見わけるんだよ。細い足なのにすごいね。

アゲハはどれくらい生きるの？

多くは、おやになってから2週間くらいでしんでしまうよ。春から秋までに、2〜3回イモシがうまれるよ。

チョウとガの見わけ方は？

チョウの触角は先がふくらんでいるけど、ほとんどのガはふくらんでないか、くしの形をしているよ。でも同じなかまだから、見わけるのはむずかしいんだ。

監修／中 秀司 鳥取大学助教
撮影／安東 浩
絵／Cheung*ME
装丁・デザイン／M.Y.デザイン
　　　　　　　（赤池正彦・吉田千鶴子）
校閲／鋤柄 美幸
編集／エディトリアル・オフィス・ワイズ
　　　（屋敷直子）
取材協力／すぎの子幼稚園、東京都多摩動物公園

育てて、しらべる
日本の生きものずかん　7

イモムシ

2005年 2月28日　第1刷発行
2013年10月26日　第3刷発行

監修　　　中 秀司
発行者　　鈴木晴彦
発行所　　株式会社　集英社
　　　　　〒101-8050　東京都千代田区一ツ橋2－5－10
　　　　　電話　編集部 03-3230-6144
　　　　　　　　販売部 03-3230-6393
　　　　　　　　読者係 03-3230-6080
印刷所　　日本写真印刷株式会社
製本所　　加藤製本株式会社

ISBN4-08-220007-X　C8645　NDC460

定価はカバーに表示してあります。
造本には十分注意しておりますが、乱丁・落丁(本のページ順序の間違いや抜け落ち)の場合はお取り替え致します。
購入された書店名を明記して小社読者係宛にお送り下さい。送料は小社負担でお取り替え致します。
但し、古書店で購入したものについてはお取り替え出来ません。
本書の一部あるいは全部を無断で複写・複製することは、法律で認められた場合を除き、著作権の侵害となります。
また、業者など、読者本人以外による本書のデジタル化は、いかなる場合でも一切認められませんのでご注意ください。

©SHUEISHA 2005　Printed in Japan